세 살에서 열 살까지
엄마는 최고의 선생님이다

 엄마교육

세 살에서 열 살까지
엄마는 최고의 선생님이다

 **영아교육**

펴낸날 2015년 6월 23일 1판 1쇄

지은이 하진옥

펴낸이 김영선
교정·교열 이교숙
기획 출판기획전문 ㈜엔터스코리아
디자인 차정아 김대수
사진제공 하진옥 박노식 이석민 둥지어린이집

펴낸곳 (주)다빈치하우스-미디어숲
주소 서울시 마포구 독막로8길 10 조현빌딩 2층(우 121-884)
전화 02-323-7234
팩스 02-323-0253
홈페이지 www.mfbook.co.kr
출판등록번호 제 2-2767호

값 13,500원
ISBN 978-89-91907-66-9 (03590)

이 도서의 국립중앙도서관 출판예정도서목록(CIP)은 서지정보유통지원시스템 홈페이지(http://seoji.nl.go.kr)와
국가자료공동목록시스템(http://www.nl.go.kr/kolisnet)에서 이용하실 수 있습니다.
(CIP제어번호: CIP2015014734)

세 살에서 열 살까지 엄마는 최고의 선생님이다

엄마교육

하 진 옥

미디어숲

프롤로그

저는 유치원 원장입니다. 유치원 교육을 30여 년 동안 하다 보니 아이들을 어떻게 가르치고, 어떻게 같이 놀아주는지, 또 어떤 것이 가장 효율적인 교육인지 잘 알고 있습니다. 저는 어린이집과 유치원의 교육보다 더 중요한 것이 있다는 걸 깨달았습니다. 그것은 가정교육입니다. '엄마교육'입니다. 엄마야말로 최고의 선생님이면서 아이들의 모방학습에 최적인 존재입니다.

아이들은 가정에서 부모들이 하는 걸 그대로 모방하면서 성장하고 학습합니다. 특히 엄마가 하는 말, 행동은 아이들에게 그대로 투영됩니다. 저는 유치원 학부모들에게 늘 엄마교육의 중요성을 이야기 합니다. 유치원에 오는 아이들을 보면 엄마교육이 잘 된 아이와 그렇지 못한 아이는 구분이 됩니다.

엄마교육이 잘 된 아이는 규칙, 약속을 지키는 생활은 물론 친구들과 어울리는 것, 식사를 하는 것에서도 차이가 납니다. 학습능률도 훨씬 뛰어난 경우를 볼 수 있습니다. 그렇지 못한 아이들은 이해력이나 여러 가지 창의적인 활동에서 표시가 납니다. 어떤 경우는 아이들이 부모 때문에 고민하고 우울해하는 모습도 자주 볼 수 있습니다. 유치원시절의 경험은 일생을 좌우합니다. 성격이 형성되고 사회성이 길러지는 이때야 말로 교육의 가장 기본적인 시간입니다.

저는 시대에 맞는 유아교육을 하고자 '하진옥의 마음교육'과 이를 이루기 위한 '피카소(PICASSO) 교육'을 주창했습니다. 그것은 문제해결력(Problem-solving), 독립심(Independence), 집중력(Concentration), 자율성(Autonomy), 자아존중감(Selp-esteem), 사회성(Sociality), 창의성(Originality)의 일곱 가지를 말합니다.

이 일곱 가지 덕목 또한, 엄마교육에서 그 뼈대가 이루어진다는 걸 명심해야 합니다. 이 책은 엄마가 할 수 있는, 또 해야 하는 생활교육 65가지를 담고 있습니다. 아무 페이지나 펼쳐도 좋습니다. 하루에 한 가지만 실천해도 어느새 '엄마는 최고의 선생님'이 될 수 있습니다.

이 책이 나오기까지 도움을 주신 분들과 우리 하은유치원 교사들은 물론 최병광(최카피)선생님께 감사를 드립니다.

2015년 여름, 하진옥

차례 프롤로그

Chapter #2
세상을 배우다

Chapter #3
함께 가다

Chapter #4
자신을 사랑하다

에필로그

Chapter #1

삶의 씨앗을 심다

일어나면 안녕~

"아빠, 안녕히 주무셨어요?"
"응. 잘 잤니?"
"엄마도 안녕히 주무셨죠?"
"야! 우리 지오, 오늘은 더 늠름하네!"

이 행복한 순간을 우리는 잊어버리고 사는 건 아닌가요?
아이들의 아침인사를 받으려면 엄마가 먼저 시범을 보여야 합니다.
할머니나 할아버지가 계시면 더욱 효과적이겠죠?

아이들은 어른을 흉내 냅니다.
엄마를 배웁니다.
태어나서 당신을 보기 시작한 순간부터~

'어린이는 어른의 아버지(The child is father of the man)'라고 한
윌리엄 워즈워스의 시처럼.

아침인사는
행복을 부르는 소리

출근인사는 즐겁게

가정을 벗어나서 사회활동을 하는 건
부모나 아이들이나 마찬가지입니다.
어린이집과 유치원을 가거나 학교를 가는 아이들에게
즐거운 마음으로 인사를 하세요.

말로만 즐거운 것이 아니라,
정말 즐겁게 해야 합니다.
이게 중요해요!
감정은 얼굴과 말투에 나타나거든요.

어느 순간 아이들이 엄마를 따라 출근하는 아빠에게
즐거운 말과 표정으로
인사를 하게 되는 걸, 볼 거예요.
출근인사를 받은 아빠는
그렇지 못한 아빠에 비해 훨씬 일의 능률도 오르고
스트레스도 덜 받게 된다고 합니다.

아이들도 마찬가지입니다.
즐거운 어린이집, 유치원, 행복한 학교로
걸음을 옮길 것이니 말이에요.
아리스토텔레스가 그랬죠?
시작이 반이라고….

시작은 반, 혹은 그 이상이다.

21

퇴근인사는 샤워처럼

퇴근을 하고 집에 오면 샤워를 하고 싶은가요?
그렇다면 먼저 따뜻한 마음의 샤워를 해보세요.
마음의 샤워,
웃으면서 맞는 퇴근인사가 최고입니다!

바깥에 나갔다가 다시 가정으로 돌아오는 시간은
정말 소중하거든요.
마지막 단추잖아요.

"다녀오셨어요? 오늘도 수고하셨어요."
"유치원 갔다 왔구나. 재미있었지?"

엄마의 이 한 마디 인사는
아빠와 아이를 샤워시킵니다.
시원하게 행복하게 쏴아아~

하루를 마감하는 시간,
행복 샤워를 하자

식사는 다 함께

요즘은 모두들 워낙 바쁘게 생활하다 보니
가족끼리 오손도손 식사를 한다는 건
어려운 일 중에 하나가 되어버렸지요.

밥을 같이 먹는다는 것은,
단순히 식사 그 이상의 의미가 있습니다.
식구란 말은 같이 밥을 먹는 가족을 말합니다.
가족이 다 함께 식사하는 방법을 알려드릴까요?

아침에 가장 먼저 집을 나서는 사람에게 식사시간을 맞추세요.
같이 식사하면서 소소한 이야기도 나누어 보세요.

아이들 교육, 이걸로 절반은 먹고 갑니다.
'함께'라는 말은 성경에서도
아주 중요하게 여기고 있답니다.

식사는
먹는 것 그 이상의
의미가 있다.

준비에
실패하는 것은,

실패를
준비하는 것이다.

식탁 준비

어릴 적 엄마는 꼭 나에게 수저를 놓게 했습니다.
숟가락은 왼쪽에, 젓가락은 오른쪽.
반듯하게 놓지 않으면 안 되었죠.
왜 이걸 꼭 시키는지 이해를 못했지만 커서 알게 되었답니다.

수저를 놓는 행위는
식사의 소중함을 알게 하고
수저를 반듯이 놓는 것은
뭐든지 정갈하게 반듯해야 한다는
가르침이었다는 것을….

또 식사의 소중함을 알게 하여
음식을 귀하게 여기도록 만드는 효과가 있다는 걸….
함부로 놓인 수저는 아이들의 마음과 집중을 흐트러지게 만듭니다.

오늘부터 아이에게 수저를 직접 놓도록 시키세요.
올바로 놓지 않으면 엄마가 시범을 먼저 보여주고
아이들이 하도록 하세요.
식사는 가족이 함께 준비하고 같이 즐기는 것이라는 것을
수저 놓는 일에서부터 깨닫도록 해야 합니다.
준비에 실패하는 건, 실패를 준비하는 것이라네요.

아빠가 먼저 수저를

나도 어릴 적 그랬는데 많은 사람이 그랬다더군요.
어른들과 함께 할 때 식사예법~

가장인 아빠가 수저를 들기 전에는
절대 아이들이 먼저 먹지 못하도록 하는 것.
아빠가 같이 식사할 수 없을 때는
"먼저 먹어라." 하고 말하면 그때서야 시작했죠.

이게 불편하다고요? 번거롭다고요?
떨어진 가장의 권위는
이걸로 충분히 해결됩니다.

아이들이 먼저 먹고, 먼저 일어나는 그런 일이
부모를 우습게 보는 걸로 이어질 수도 있으니까요.

어른을 존중하면
스스로 존중하는 법을 배운다.

밥만 보면 도망가는 아이

요즘 애들 밥 먹이기가
참 어렵다는 엄마들이 많습니다.
그건 애들 탓이 아니라 엄마 탓이에요.

밥을 먹기 시작할 때부터
밥 먹는 자세를
제대로 가르치지 않아서
생긴 건데 아이를 탓하다니요?

처음부터
식사는 제자리에 앉아서
제대로 먹는 훈련을 해야 돼요.
끝까지 남김없이 먹는 훈련을 시켜야 합니다.

밥을 안 먹으면 굶기세요!
군것질도 시키지 마시고요.
하루 이틀 안 먹는다고 큰일 나지 않습니다.
배고프면 밥 먹습니다.
하루만 그래보세요. 효과 만점!

엄마의 행동은
아이들의 거울

돌아다니며 밥 먹는 아이

엄마는 숟가락을 들고 쫓아가고,
아이는 도망가고.
보통 세 살 무렵부터 이런 상황이 연출되곤 합니다.

이럴 땐 간단합니다.
식사 시간에 돌아다니거나 딴짓을 하면 역시 먹이지 마세요.
자기가 밥 달라고 할 때까지.
그래야 사회에 나와서도 식사예절을 지킬 수 있으니까요.
마트나 식당 같은 곳에 가보면 돌아다니거나
떠들고 장난치는 아이들은 모두 엄마 탓이에요.

7살이 되었다고요?
지금부터라도 제대로 밥상머리 교육을 가르치세요.
고집은 결코 확신이 아니라는 걸 깨닫게 하세요.

이런 말이 있죠?
바보는 방황하고,
현명한 사람은 여행을 한다.

바보는 방황하고,
현명한 사람은 여행을 한다.

엄마, 물 줘!

아내를 하인처럼 생각하는 남편들이 있어요.
바로 옆에 있는 리모컨도 갖다 달라고 해요.
간 큰 남자죠.
목이 마르면 자기가 떠먹으면 되지.
"여보, 나 물 좀 줘."

그 댁도 그렇다고요?
아빠가 이렇게 하는 집의 아이들은 그걸 그대로 흉내 냅니다.
"엄마, 물 줘~ 엄마, 가방 줘~ 엄마, 양말 줘~."

스스로 하는 행동은
어릴 적부터 몸에 배어야 합니다.
엄마는 결코 심부름꾼이 아니라는 걸
아이들에게 확실히 가르치세요.

안 그러면 평생 엄마에게 의지하게 됩니다.
결혼 후에도 말이에요.

좋은 모방은 최고의 학습

세 살 때 정리버릇은
평생을 간다.

옷과 양말은 누가?

아무리 아이들이라고 해도
양말과 신발은 스스로 신을 수 있습니다.
못 신는다고요?

그건 엄마 탓이에요!
영아기 때야 엄마가 신겨준다고 하지만,
세 살 이후에는,
스스로 양말도 신고, 신발도 신을 수 있게 훈련시켜야 합니다.

작은 일도 스스로 하지 않는다면
큰일에는 겁부터 내게 됩니다.
양말이나 속옷을 벗어 아무 데나 던져두는 행동,
어릴 적부터 제대로 하게 하세요.

스스로 하는 훈련은 양말 신기부터!
정리하는 습관은 속옷 빨래통에 담기부터!

신발이 휙휙

자동차에는 타이어가 아주 중요합니다.
스키 장비도 가장 중요한 것은 부츠라고 하네요.
우리가 늘 신고 다니는 신발도 마찬가지입니다.
너무 일상이 되어서 그 고마움을 모르고 있는 거죠.

아이들이 집에 오면
신발을 아무렇게나
현관에 벗어던지고 들어오나요?

신발을 벗으면 가지런히
정리하고 들어오게 지도하세요.
그래야 아이들 마음까지 가지런해집니다.

어떤 집은 아이가 가족들 신발까지 정리한다고 하네요.
신발의 고마움을 알게 하고,
가지런히 놓인 신발들이 얼마나 보기 좋은지 깨닫게 해주세요.

신발 정리는
마음 정리

사뿐사뿐 걷기

길거리에서, 어린이집에서, 유치원에서
간혹 제멋대로 다니는 아이들을 볼 때가 있습니다.
우측통행을 지키면 서로 부딪치지도 않고 빨리 갈 수 있는데
이런 규칙을 잘 지키지 못하는 아이들이 많습니다.

대부분의 유치원이나 학교에서는
복도나 계단에서 오른쪽으로 걷도록 가르치고 있죠.
계단 오른편에 발 모양을 그려서
그쪽으로 걷도록 한 거 많이 보셨죠?
중요한 건 이 표시가 없어도 오른쪽으로 걷는 습관이에요.
이런 습관은 어디서 배울까요?
맞아요. 가정에서 배웁니다.

가정에서 걸을 때도
조용히 걷는 것부터 가르치세요.
아이가 걷는 모습을 보면
그 집의 가정교육을 짐작해 볼 수 있습니다.

제대로 꾸준히 걷는 것이
성공으로 가게 한다는 명언도 있습니다.

잘 걷는 것은
생각을
깊게 만든다.

판단력은
작은 일에서부터

화장지가 장난감?

아이들은 어릴 때 화장지 갖고 노는 걸 좋아합니다.
미용티슈를 한 장씩 뽑는 게 신기하기도 하고
두루마리 화장지가 돌돌 풀리는 게 재미있기도 하고….
그래서 티슈도 마구 뽑고, 화장지를 길게 풀기도 해요.
이런 장난은 안 된다고 확실하게 알려주어야 합니다.

스스로 화장실을 갈 나이에는
화장지로 장난을 치면 더더욱 안 되겠죠.
종이는 소중한 자원임을 가르치고
꼭 필요한 만큼만 쓰도록 지도하세요.
착착 접어서 제대로 닦는 걸 가르쳐야죠.

특히 공공장소에서는 물건을 함부로 쓰는 경향이 있는데
이 역시 어른들의 모방심리에서 나오는 것입니다.

내 것 아니라고 낭비하는 것,
어른인 우리부터 고쳐야 할 습관입니다.

휴지는 쓰레기통에 ~ 통!

예전 미국 공익광고에서 이런 광고를 본 적이 있습니다.
매력적인 미녀가 남자에게 달려오면서
길거리에 쓰레기를 버리니 얼굴이 그만 돼지로 변하는….

지금은 많이 좋아졌지만
아직도 휴지나 담배꽁초를 아무 데다 버리는 사람들이 많습니다.
이런 행동은 아이들도 따라하게 됩니다.
아이들이 집이나 공공장소에서 휴지를 버릴 때
꼭 쓰레기통에 버리도록 지도하세요.

엄마 아빠가 먼저 시범을 보이세요.
이 간단한 걸 못하면
어려운 건 더 못 하겠죠?

쓰레기통 뚜껑을 열고 농구하듯이
슛! 하는 아빠도 있어요.
이것도 괜찮은 방법이네요.

공공장소에서의 행동은
가정교육을 짐작하게 한다.

용모는
마음의 거울

손 씻기는 몇 번?

남자들은 그렇다네요.
화장실에서도 손을 씻지 않고 나오는 경우가 많다고….
이런 남자들은 어릴 적 교육을 잘못 받은 탓이 아닐까요?

손만 잘 씻어도 많은 질병을 예방할 수 있습니다.
밖에 나갔다가 들어오면 반드시 손부터 먼저 씻는 습관을 길러주면
혹시 모르는 질병으로부터 아이를 보호할 수 있어요.
특히 감기나 유행성 질병은 손 씻기로 예방할 수 있습니다.

비누칠해서 잘 씻는 방법을 아는 것이 무엇보다 중요합니다.
손가락 근육을 움직여서 거품을 충분히 내어
손바닥과 손등은 물론 손가락 사이사이를
잘 문질러 씻는 것을 아빠나 엄마가 보여주세요.
식사 전에도 반드시 손을 씻도록 시키고요.

이런 습관은 두뇌 발달에도 도움이 되지만
용모는 마음의 거울이라는 말, 잊지 말아요.

몸을 씻는 것은 마음을 씻는 것

목욕은 즐겁게!

어릴 적부터 목욕을 자주 해 온 아이들은
목욕하는 것을 즐겨 합니다.
아빠 엄마와 함께 샤워하고 목욕하는 시간을 가져보세요.
목욕은 즐거운 것이라는 걸 보여주세요.

공중목욕탕은 아이들에게 사회성을 기를 수 있는 좋은 곳입니다.
아이가 아빠나 엄마의 등을 밀어주는 모습은 보기에 참 흐뭇하죠.
간혹, 공중목욕탕에서 장난을 치거나,
욕탕 안에서 수영을 하는 아이들이 있습니다.

공중목욕탕에서 지켜야 할
에티켓을 가르쳐주세요.
가정에서나 공중목욕탕에서나
사용한 비누, 바가지 등을 제자리에
놓도록 말이에요.

무엇보다 스스로 깨끗이 씻는 훈련이 더 중요하겠죠?
몸을 씻는 것은,
마음을 씻는 것과 같다는 것도 알려주시고요.

옷에다 실례를?

어린이집에 처음 다니는 어린 아이들은
기저귀를 찬 경우가 많아요.
아이들마다 개인차는 있지만
유치원에서 가끔 용변을 제대로 조절하지 못하는 아이들이 있어요.

가정에서도 그런 아이들이 있을 거예요.
밤에 자기도 모르게 쉬 하는 거.
흔히 오줌싸개라고 하죠.
또는 속옷에 변을 묻히는 경우도 있고요.

이럴 땐 절대 꾸중을 하거나 혼내지 마세요.
그러면 더더욱 그런 일이 일어납니다.
대개 나이 들면 고쳐지니 부드럽게 타이르세요.
오줌 안 싸고 일어나거나 스스로 오줌을 누면
잘했다고 칭찬을 해주세요.
칭찬은 고래도 춤추게 한다고 하잖아요.

칭찬은 고래도 춤추게 한다는 건 진리

옷을 보면 안다

우리는 어떤 사람을 보고 판단할 때
우선 외모와 옷 입은 상태를 보기도 합니다.
옷이 날개란 말도 있는데
이는 좋은 옷을 입으라는 뜻이 아니죠.
자기한테 잘 맞는 옷을 입으라는 의미입니다.

프랑스 여자들이 멋있는 건, 좋은 명품 옷이 아니라
자기한테 잘 맞는 옷을 입기 때문입니다.
아이들에게도 우선 잘 맞는 옷을 입히고
옷을 단정하게 입는 습관을 길러줘야 합니다.

옷이 단정하면 그 옷을 입은 사람도
단정하게 보입니다.
아이가 옷을 입을 때 거울을 보고
무엇이 잘못되었는지,
어떤 것이 단정한지 알려주어야 합니다.

여자아이들은 조금 크면
거울을 통해 자기 얼굴에 관심이 많아지는데
여자 아이든 남자 아이든
옷을 단정하게 입는 것이 왜 중요한지 가르쳐주세요.

단정한 옷은
자신감의 표현

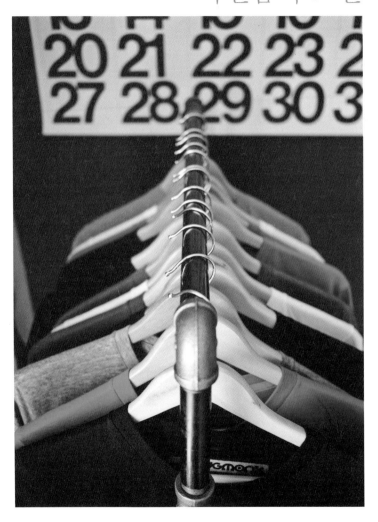

헤어스타일은 스스로

태어날 때부터 머리숱이 많은 아이와
그렇지 않은 아이가 있습니다.
머리숱이 많든 적든 아이들의 헤어스타일은 중요합니다.
스타일에 따라 인상이 달라지거든요.
특히 여자 아이들은 머리카락을 길게 길러
예쁘고 단정하게 묶는 것을 좋아합니다.

대개의 여자 아이들은 다섯 살 전후로
헤어스타일에 관심을 갖기 시작하는데
이때 머리를 어떻게 묶는 건지 알려주고
 스스로 해보도록 지도하세요.
그래야 초등학교에 다닐 때쯤이면
자기 스스로 머리를 손질하는 능력이 생깁니다.

헤어스타일에서
성취감이 만들어진다.

아이가 스스로 다듬은
헤어스타일에 만족이 되면
대단한 성취감을 느끼거든요.
이처럼 아이들에게 있어서
성취감과 자존감은 작은 일에서부터
시작된다는 걸 기억하세요.

특히 남자아이들도 미용실에서 엄마 마음대로 컷을 요구하지 말고
어떻게 하는 것이 좋은지 아이에게 물어봐 주세요.

정리하는 습관은
공간지각력을 키우는 일

장난감은 제자리에

장난감은 아이들에게 모든 것입니다.
집집마다 여러 종류의 장난감이 참 많을 거예요.
장난감이 많으면 집안에 온통 이리저리 뒹굴어 다닙니다.
아이들이 갖고 놀다가 던져두기 때문이죠.

장난감 정리를 엄마가 다 해주지는 마세요.
장난감 종류마다 다른 바구니나 박스를 준비해두고
거기에 장난감을 분류해서 담아두는 습관을 기르도록 하세요.

이런 습관은 단순히 장난감 정리가 아니라
아이들에게 분별력과 공간지각력을
기르게 합니다.

말로만 타이르지 말고 시범을 보여주세요.
소포클레스란 철학자는
말을 많이 하는 것과 잘하는 것은 별개라고 했습니다.
엄마랑 같이 정리하도록 하고
정리하지 않으면 장난감을 갖고 놀지 못하도록 하세요.
그러면 운다고요? 내버려두세요!

운동화 신는 건 어렵지 않아요

신발을 늘 엄마가 신겨주니까
아이는 당연하다고 생각합니다.
네 살이 되기 전부터 아이 스스로 신도록 해보세요.

이때는 모방이 곧 학습으로 연결되므로
신발 좌우를 구분하여 신는 교육을 시작해야 합니다.
운동화를 제대로 신으면 칭찬을 아끼지 마세요.
신발이 왜 중요한지도 알려주세요.

두 돌이 지나면 아이를 안고 가거나 업고 가는 것도 피해야겠죠.
할머니들이 손주가 예쁘다고 자주 안거나 업는데
이는 아이들에게 의존심을 기르게 합니다.
신발 신는 것과 걷는 것에서 아이의 독립심을 기르도록 해주세요.
천릿길도 한 걸음부터라는데
아이의 인생길을 씩씩하게 걷도록 해주세요.

천릿길도
신발을 제대로 신는 것부터

양말도 스스로

아이들에게 있어서
양말 신기는 신발 신기보다 더 어려울 수 있어요.
신발을 스스로 신을 수 있다면 양말 신기에도 도전해 보세요.
요즘 양말은 품질도 좋고 탄력도 적당히 있어서
의외로 아이들이 잘 신을 수 있어요.

양말 신기에서 중요한 건 제대로 신어야 한다는 것이에요.
처음에는 발에 딱 맞지 않아
앞으로 나오거나 뒤꿈치가 잘 안 맞겠지만
몇 번 하다 보면 양말을 당겨서 제대로 신을 수 있게 된답니다.

양말을 제대로 신는다는 것은
장갑이나 옷도 손과 몸에 맞게
잘 끼거나 입어야 한다는 걸 깨닫게 할 수 있습니다.

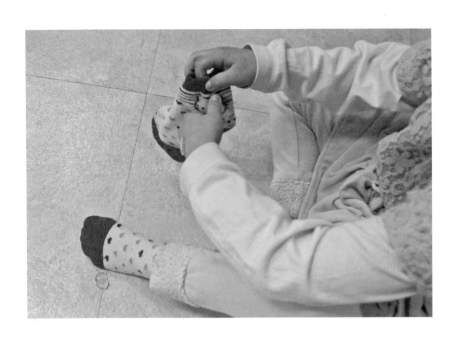

양말을 스스로 신었다는
만족감을 느끼고 즐거워한다면
아이는 이미 부쩍 성장한 것입니다.
이러한 성취감은 다른 것에도
도전할 자신감을 줍니다!

양말도
아이에게는
놀라운 교재

아빠 구두를 닦는 것은
아빠를 이해하는 행동

아빠 구두를 닦아요

어릴 적에 아버지 구두를 닦고 용돈을 받곤 했습니다.
용돈 받는 재미로 형제끼리 서로 구두를 닦으려 싸우기도 했지요.
아이에게 용돈을 주며 아빠 구두를 닦게 하는 것보다
아빠를 위해 뭔가를 했다는 뿌듯한 마음을 느끼도록 해주세요.

돈으로 아이를 움직이게 하는 것은 문제가 될 수 있습니다.
물론 노동의 대가로 용돈을 번다는 생각도 나쁘진 않습니다.
다만 돈을 위해 구두를 닦는 것이 아니고,
구두를 닦아 그 대가를 얻는다는 마음이 중요해요.
요즘은 액체 구두약도 있어서 구두 닦는 일도 그리 어렵지 않아요.
아빠의 칭찬이 필요합니다.

"야, 우리 지오 정말 깨끗하게 닦았네!
기분좋게 출근할 수 있어서 고마워."

말 한 마디가 천 냥 빚을 갚는다는 말은
아이들에게도 적용되지 않을까요?

손톱은 일주일에 한 번

보통 생후 6개월이 지나면
아기들의 손톱도 손톱깎이로 깎아 주어야 합니다.
손톱은 보통 일주일에 한 번이 적당하나 개인차가 있으니
아이 손톱을 보고, 그 시기를 판단해야 합니다.

아이들이 혼자 손톱을 깎을 수 있을까요?
언제부터 스스로 손톱을 정리할 수 있을까요?
이것 역시 개인차가 있으므로 몇 살부터라고 말하기는 곤란합니다.
초등학교에 들어간 후 손의 기능이 향상되었다고 판단되면
시도해 볼만 합니다.
독립심과 집중력을 키울 수 있는 즐거움이니까요.

손톱은 예민한 부분이고 잘못하면 손톱에 피가 날 수도 있으니
무리하게 시킬 필요는 없습니다.
손톱을 늘 청결하게 유지하는 것이 중요하니 이를 잘 일러주고
손톱을 깨무는 습관을 가지지 않도록 해주세요.

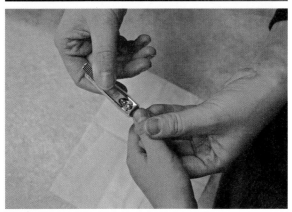

청결 습관은
손톱 정리에서부터

연필깎이

요즘은 볼펜을 많이 쓰지만 연필은 아이들에게 중요한 도구입니다.
연필로 글씨를 쓰면 강약의 조화로
글씨가 달라진다는 걸 느낄 수 있거든요.
볼펜에 비해서 인간적이라고 할까요,
아날로그 감성이 있다고 할까요.

연필을 깎는 것은 공부를 시작한다는 상징적인 의미가 있습니다.
예전에는 연필 깎는 칼로 뾰족하게 깎았죠? 좀 위험했어요.
지금은 연필깎이가 다양하게 있어서
누구나 쉽게 이를 사용할 수 있습니다.
다만 연필깎이로 연필을 장난삼아 자꾸 깎는 것은
잘못이라고 분명히 일러주세요.
아이 스스로가 연필을 깎으면서 공부를
시작하는 마음을 다잡도록 한다면
더 바랄 것이 없겠죠.
정신일도 하사불성(정신을 집중하면 어떤 일도 할 수 있다).
이를 느끼게 해주세요.

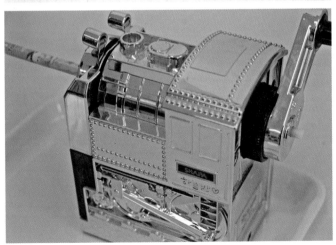

연필을 깎는 것은 정신집중의 습관

방청소는 누가 하나

아이들 방청소는 엄마가 해주는 게 보통입니다.
어릴 적부터 이렇게 습관을 들이다 보면 다 커서도
자기 방을 청소하거나 정리하지 못하는 아이들이 많아요.

우선 엄마와 아이가 함께 청소하고 정리를 해보세요.
깨끗하고 깔끔한 방이 좋다는 걸 느낄 때까지.
차츰차츰 아이가 혼자 청소하고 정리하도록 한다면
독립심이 길러집니다.
아이들의 책임감, 독립심 등은 따로 교육하지 않아도
평소생활 속에서 이루어진다는 걸 잊지 마세요.

데니스 웨이틀리는
아이들에게 줄 수 있는 가장 큰 선물은
'책임감이라는 뿌리와
독립심이라는 날개'라고
말했답니다.

깨끗한 장소가
깨끗한 정신을 키운다.

내 침대는 내가

이건 간단한 문제입니다.
아이들이 자고 일어나서 구겨진 요를 바로 펴고
베개와 이불을 가지런히 해놓는 일,
아이들은 금방 할 수 있어요.

사실 방 정리의 핵심은 바로 침대 정리입니다.
침대를 정리하고 청소하다 보면
하루 중 3분의 1을 보내는 침대의 고마움도 느낄 수 있고요.
그렇게 되면 잠도 잘 잘 거예요.

그런데 사실 이건 아빠가 모범을 보여야 해요.
잠꾸러기 집에는 잠꾸러기만 모인다는 속담처럼
아빠가 어떻게 하느냐에 따라 아이들이 달라져요.
어른은 아이들의 거울이니까요.

잘 잔다는 것은 잘 산다는 의미

옷을 벗어 던지는 아이와 정리하는 아이

아이들에게 겉옷을 벗으라고 해보면
어떤 아이는 벗어서 바닥에 던져버리고
어떤 아이는 차곡차곡 개어서 두고
또 어떤 아이는 옷걸이에 가지런히 걸어 둡니다.

앞서 말한 양말과 신발 정리 습관만 키워줘도
다른 정리정돈도 잘 할 수 있습니다.
옷은 소중한 물건이라는 것을 일러주시고
어떻게 정리하는지도 가르쳐주세요.

아이들 옷만 따로 넣어두는 옷장이 있다면
아이들은 더 정리하고 싶은 마음이 생길 거예요.
자기 스스로 생각하고 결정해서 행동하는 자율성이 발달하는 거죠.

다섯 살부터는 이런 습관을 들여야 합니다.
일곱 살이 되었는데도 옷을 던진다고요?
얼른 고쳐주세요.

옷을 소중히 하면
인생이 소중해진다.

Chapter 2

세상을 배우다

명상은 마음을 키우는 연습

경건한 마음을 갖게 하는 공간

성당이나 교회 혹은 사찰 같은 공공장소,
경건한 종교적인 모임에서는
남에게 피해가 되지 않아야 합니다.
이런 곳은 믿음을 가지고 기도하는 곳이라는 걸 깨우쳐주세요.

많은 사람이 모이는 곳이다 보니
아이들이 재미있어서 뛰어다니는 경우가 많아요.
재미도 중요하지만 경건한 마음을 갖도록 해주세요.
재미가 사라지면 종교도 빠이빠이 하는 것은
그런 마음이 없기 때문이거든요.

기도하는 것은 자신을 되돌아보고 반성하는 시간이니
아이들이 마음속으로 성실함에 대하여
생각하는 시간을 가지도록 해주세요.

고도의 집중상태,
몰입의 준비단계가 되기 때문입니다.

동물원 견학

대개의 아이들은 동물원을 좋아합니다.
친구처럼 느껴지는 동물을 좋아하기 때문이죠.
동물원에서는 지켜야 할 것을 일러주어야 합니다.

여러 동물의 모습이나 습성을 가르쳐주는 것도 좋지만
동물을 사랑하는 법을 알려주세요.
동물도 하나의 소중한 생명이라는 점도 가르쳐주고요.
함부로 동물들에게 무엇을 던지거나
막말을 하지 않도록 가르쳐주어야 합니다.
동물원은 그냥 놀러가는 곳이 아니라
동물을 사랑하는 마음을 배우러 가는 곳이니까요.

동물원 가기 전에 여러 가지 동물에 대해
알려준다면 좋을 거예요.
동물들에게서 배울 것이 참 많죠.
생명의 소중함을 아이가 알게 될 것입니다.

생명존중,
동물사랑에서부터

기차는 달린다

남자와 여자의 뇌구조는 다르다고 합니다.
특히 남자 아이들은 빠르게 움직이는
자동차와 기차에 관심이 많아요.
아이의 손을 잡고 기차여행을 해보면 무척 즐거워 할 거예요.
기다란 기차가 신기하기도 하고
달리는 것을 보면 즐거운 마음에 소리를 지르기도 합니다.

기차여행의 즐거움을 나누어 보세요!
여유가 생기면 승용차를 두고
아이들과 함께 기차여행을 해보세요.
요즘은 다양한 기차여행 프로그램이 있어서
교육에도 효과적입니다.
철도청 홈페이지나 인터넷으로 검색해보면
많은 정보가 있으니 아이들과 함께 찾아보세요.
정보를 찾는 것도 공부의 방법입니다.

기차여행은
미지에 대한
호기심을 자극하는 것

지하철은 모두가 이용하는 곳

지하철 타는 것을 무서워하는 아이들이 있습니다.
아마 어두운 터널을 지나가기 때문에 그럴 거예요.
우선 지상으로 다니는 지하철을 타보세요.
지나가는 풍경에 즐거워할 테니까요.

현대는 어차피 지하철을 이용할 수밖에 없어요.
제대로 안전하게 이용하는 방법을 알려주어야 합니다.
가정에서 가까운 지하철 노선과 출입구 번호를 알려주고
안으로 들어가는 방법, 게이트에서 표를 찍는 방법도 알려주고
줄서서 기다리기, 좌석에 앉기,
양보하기, 발 오므리기 등을 지도하세요.

역안내 방송을 듣고 어느 역에서 내리는지 가르쳐주면
아이들은 즐겁게 배우게 됩니다.
이런 경험은 논리적 사고력의 기본이 되는 질서와 순서를
이해하고 문제해결력의 힘을 기를 수 있습니다.

지하철은 방향 감각의 교과서

안전은 아무리 강조해도
지나치지 않다

승용차에서는 안전벨트부터

아빠나 엄마가 운전하는 차를 타고 가면서
아이들은 바깥 풍경에 매료됩니다.
옆에서 쌩쌩 달리는 차들, 거리의 풍경, 즐비한 간판 등을
유심히 살펴봅니다.

차를 타면 우선 안전벨트를 매는 습관부터 길러주세요.
싫어한다고 그냥 다니면 안 됩니다.
벨트를 매지 않으면 출발하지 마세요!

어린아이들은 반드시 뒷좌석 어린이용 시트에 앉게 하고
창문을 함부로 열지 못하게 진지하게 가르쳐주세요.
만약 사고라도 나면 아이들은 큰 피해를 입습니다.
앞자리의 에어백은 오히려 아이들에게 큰 위험이 될 수 있으니
반드시 뒷좌석 어린이용 시트에 앉히세요.

유아기의 안전교육은
평생 자신을 보호할 수 있는 힘이니까요.

백화점은 신기한 곳

엄마 손을 잡고 백화점 쇼핑을 하는 아이들이 많습니다.
화려한 인테리어와 멋진 옷, 가방, 신발….
아이들은 눈이 휘둥그레지며 신기해하죠.

아이에게 그저 단순 호기심에 그치는 것이 아니라
여러 종류의 상품이 있다는 걸 알려주세요.
그러기 위해서는 매장을 두루두루 다녀야겠죠.
물건을 사고파는 기본개념이 심어지고 상상력도 풍부해집니다.

요즘은 백화점에서 운영하는 문화센터를 이용하는 것도 참 좋아요.
좋은 교육 프로그램을 선택해 아이와 함께
뭔가를 배운다는 것은 좋은 현상입니다.

세상에 대한 호기심이
상상력을 자극한다.

즐거운 시장 나들이

요즘은 동네마다 대형마트가 생겨서
엄마들의 장보기는 주로 마트를 이용하게 되는 것 같아요.
가끔은 아이 손을 잡고 시장에 가보세요.
전통 재래시장, 농산물시장, 수산시장도 좋아요.

치열한 삶의 현장, 시장에서
열심히 살아가는 사람들,
사람냄새 나는 사람들을 만나볼 수 있어요.
백화점이나 마트에서 볼 수 없었던 물건들을 만날 수도 있고요.

아이가 다섯 살 정도 되면, 시장의 기능에 대해 설명해주세요.
농사를 짓고, 물고기를 잡고, 그것을 시장에 갖다 팔고
우리는 그것을 감사한 마음으로 먹게 된다는 점을 알려주세요.
농부들이 애써 키운 농산물이나 어부들이 잡은 고기가
얼마나 소중한지도 알려주세요.

시장에 다녀 온 날 저녁상에서
밥과 반찬을 하나하나 설명해주면
아이는 음식의 소중함을
더 느낄 수 있으니까요.

시장의 풍경은
삶의 지혜를 가르쳐주는 것

식사가 올바르면 약이 필요 없다.

외식의 매너를 지키도록

온 가족이 맛있는 음식점을 찾아
외식을 한다는 건 즐거운 일입니다.
그런데 아이들은 주문한 음식이 나오는 동안이나
혹은 음식을 먼저 먹고 나면
지루해하며 이곳저곳 쏘답니다.

음식이 나올 때까지
가족 모두 식사가 끝날 때까지
자기 자리를 지킬 수 있어야 한다는 것을 알려주세요.
밥을 먹는 동안에는 흘리지 않고
마구 남기는 것도 자제하도록 지도해 주세요.

아이들은 엄마나 아빠가 식사를 하면서 하는 행동을
잘 따라합니다. 아이에게 모범을 보여주세요.
식사 후, 입가를 닦은 휴지를 마구 버리는 부모를 보면
아이들도 따라한다는 점을 기억하세요.
숟가락, 젓가락도 가지런히 놓는 습관을 길러주고
공공장소에서 떠드는 것도 안 된다는 것을 일러주세요.
속담에 식사가 올바르면 약이 필요 없다고 한 말,
잊지 마세요.

전시회 에티켓

요즘은 엄마나 아빠 손을 잡고 전시회에 가는 아이들이 참 많아요.
국립박물관은 물론 미술관, 사진전 같은 곳에도
아이들의 모습을 많이 볼 수 있죠.
이런 전시회를 통해 아이들은 역사도 배우고
예술에 대한 안목도 기릅니다.

그런데 간혹 관람장에서 먼저 전시물을 보려고
질서를 무시하거나 큰 소리로 떠드는 아이들이 있어요.
부모들이 이런 상황을 보고 말리기도 하지만
그냥 내버려 두는 부모도 많습니다.
세 가지는 꼭 지키도록 해주세요.

첫째, 전시물을 잘 보도록 하는 것
둘째, 질서를 지키는 것
셋째, 목소리는 조용히

전시는 눈으로 보는 것이지,
입이나 발로 보는 것이 아니잖아요?

예술을 보는 안목은
어릴 적부터 만들어진다.

박물관은 또 하나의 학교

박물관에 대한 관심을 갖고 찾아보면
우리 주변에는 국립박물관 외에도 많은 박물관이 있어요.
역사, 과학, 예술, 민속, 산림박물관 등.

박물관은 또 하나의 학교입니다.
중요한 건 박물관에 가기 전에
아이에게 충분한 사전교육을 하고 가야 한다는 것입니다.
그래야 박물관에 가서 흥미를 가지게 되고
더 많은 것을 배우게 되거든요.

엄마와 함께 공부하세요.
박물관 공부는 아이들도 무척 즐거워한다는 걸 잊지 마시고요.
사실 세상의 모든 곳은 학교입니다.

문제는 엄마가 그곳을 학교로 만드느냐,
그저 노는 곳으로 만드느냐이겠죠!

세상은 커다란 학교다.

놀이의 본능을
자극하자.

놀이공원은 신나는 곳

놀이공원은 야외도 있고 실내도 있습니다.
야외는 봄, 여름, 가을에 가면 좋고
실내는 아무래도 겨울이 제격이겠죠.

놀이공원에서는
엄마도 아이도 세상 모든 일 다 잊어버리고
신나게 노는 것만 생각하세요.
말 그대로 놀이공원이잖아요.

아이가 제대로 놀고
즐길 줄 아는 것은 중요합니다.
제대로 놀 줄 모르는 아이는
커서도 문제가 될 수 있거든요.

잘 놀 줄 모른다면 부모의 탓이에요.
공부할 때는 하고, 즐길 때는 즐길 줄 아는 아이가
분별력이 있는 겁니다.
인간이 놀이를 하는 것은 본능입니다.
본능은 첫째이고, 이성은 둘째라는 격언을 기억하세요.

공중화장실은 내 것

우리 어른들 중에도 그런 사람이 있죠?
공중화장실은 함부로 사용해도 된다는 인식

공중화장실도 우리 집 화장실처럼 깨끗하게
사용해야 한다는 것을 아이들이 알게 해주세요.
요즘이야 깨끗한 공중화장실도 많지만
앞 사람들이 지저분하게 사용했다고
더 더럽히는 일은 없어야 합니다.

공중화장실을 쓰는 태도를 보면
그 아이의 가정교육을 알 수 있습니다.
내가 쓰고 난 뒤에는 다른 사람도 쓴다는 걸
분명히 알려주세요.
혹시라도 잘못 사용한다면 혼을 내주세요.

매를 아끼면 아이를 버린다는 말은
시대를 넘어 변치 않는 진리입니다.
단호한 언어와 표정의 매를 활용해 보세요.

매를 아끼면 아이를 버린다

도서관을 만들자

요즘은 각 구마다 도서관이 다 있습니다.
국립도서관처럼 큰 곳도 있고,
어린이 전용 도서관으로 특화된 곳도 많지요.

아이 손을 잡고 도서관을 찾는
엄마가 많아지고 있는 건 좋은 현상입니다.
아이가 읽는 책을 같이 봐도 좋고,
엄마가 읽고 싶은 책을 봐도 좋아요.
아이는 아무 말 없이 책을 읽는 엄마의 모습에서
엄마의 독서 습관을 따라합니다.

이런 습관은 가정에서도 마찬가지예요.
아빠나 엄마가 책을 안 보는데
아이 보고 책 보라고 할 수는 없으니까요.
요즘 거실에 TV를 없애고 책장을 비치하고
모두 둘러앉아서 책을 볼 수 있는 탁자를 두는
가정이 많아졌습니다.

도서관은 따로 없습니다.
모두 같이 앉아 책을 읽으면
그곳이 도서관입니다!

과감히 TV를 없애고 거실에 도서관을 만들어 보세요.
아이의 미래가 달라집니다.

아이의 미래를 변화시키는 집 안의 도서관

음악은 인간을 완성시킨다

떡하니 거실을 점령하고 있던 TV를
아예 없애든지, 아님 방 한쪽으로 옮기든지
이제는 거실을 도서관으로 만드는 집이 늘면서
오디오에도 관심을 갖는 엄마들이 늘고 있습니다.

좋은 음악을 들으면서 책을 읽는 건 즐거운 일이거든요.
클래식도 좋고, 재즈도 좋고 발라드 가요도 괜찮아요.
동요를 듣는다면 더더욱 좋겠죠.

음악이 있는 가정을 만들어 보세요.
음악을 사랑하는 아이로 키우세요.

아인슈타인은 어릴 적부터
바이올린을 배웠고
모차르트는 음악에서
수학의 원리를 발견했다고 합니다.

사람이 음악을 만들고

음악이 사람을 만든다.

Chapter # 3

함께 가다

시간은 인생이다

소설 『돈키호테』로 유명한 세르반테스는 이런 말을 했습니다.
"선천적으로 현명한 사람은 없다. 시간이 모든 것을 완성한다!"
우리 곁에도 시간의 중요성을 알려주는 책이 많이 있지요.
특히 주어진 시간을 활용하려는 직장인을 위한
시간관리법을 다룬 책이 많습니다.

우리는 태어날 때부터 죽을 때까지의 시간만 누릴 수 있습니다.
영원한 것은 없습니다.
아이들에게도 시간은 무한한 것이 아닙니다.

주어진 시간을 잘 활용할 수 있는 지혜를
어릴 적부터 가르쳐주세요.
하루 24시간을 어떻게 보내느냐에 따라
하루의 무게가 달라집니다.

시간 활용을 아직 제대로 하지 못하는 아이들이라면
시간이 얼마나 중요한 건지 그것부터 가르치세요.
성공한 삶을 산 사람들의 이야기 속에
꼭 시간의 활용이 등장하는 것처럼.
시간이 곧 인생이라고 말이죠.

가장 값진 재산은 바로
내게 주어진 시간

시간개념이 생기면
그때부터 삶이 달라진다.

시간개념의 중요성 깨닫기

우리 속담에 "세 살 버릇이 여든까지 간다"라는 말이 있죠?
세 살이면 충분합니다.
시간 약속을 지키는 것을 몸에 익히게 해주세요.
노는 시간, TV 보는 시간, 책을 보는 시간,
아침 기상시간은 물론
어린이집이나 유치원 등원 시간을 잘 지키도록 해주세요.

"조금만 더 놀고 싶어요. 네?"
이런 때를 쓴다고 봐주면 더 중요한 걸 놓치게 됩니다.
되는 것과 안 되는 것을 분명히 알려주어야 합니다.
시간은 우리에게 재산이며 모든 것입니다.
시간을 잘 활용하는 사람이 결국 인생의 승리자가 되겠죠?

시간을 잘 지켜야 하는 이유에 대해서도 알려주세요.
나 때문에 혹 다른 사람들에게 피해를 줄 수도 있다고 말이죠.

시간 약속은 가장 중요한 약속

아이들이 시간 약속은 반드시 지켜야 한다는 걸
실천하는 아이도 있고 그렇지 못한 아이도 있습니다.

이것 역시 엄마의 역할이 중요합니다!
시간 약속은 늦지 않게, 미루지 않게
엄마가 아이들에게 실천으로 가르쳐주세요.
'엄마도 시간 약속을 안 지키네.'
이런 생각을 하게 한다면 내 아이도 마찬가지가 됩니다.

우선 집 안에서부터 시간 약속을 지킬 수 있게 해보세요.
엄마와는 아침 7시에 일어나는 약속을 하고,
아빠와는 저녁 8시에 밥을 먹는 약속을 해보는 것도 좋아요.

시계를 볼 줄 알고
시간관념이 생기는 나이가 되면,
이런 교육이 필요합니다.

어른들 중에 시간 약속을 잘 안 지키는 사람은
어릴 적부터 그렇게 자라왔기 때문일 수 있습니다.

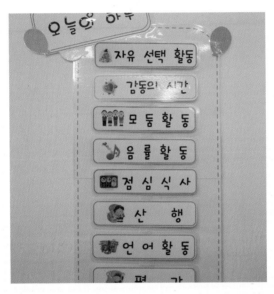

시간 약속은
실천에서 배운다.

약속은 손해를 보더라도

프랑스의 황제였던 나폴레옹은 약속의 중요성을
일찍부터 깨달았습니다.
"약속을 지키는 최상의 방법은 약속을 하지 않는 것이다."
이 말은 약속을 하지 말라는 것이 아니라,
약속은 꼭 지켜야 한다는 것을 강조한 것입니다.

지키지 못할 약속은 애초에 하지 말아야 하며
약속을 한 것은 반드시 지켜야 합니다.
아이들을 달래려고, 순간을 모면하려고
지키지도 못할 약속을 남발하는 엄마가 많은데
이것은 더 큰 걸 놓치는 결과를 만듭니다.

먼저 아이에게 가족과 함께 한 약속을 지키는 훈련을 하고
이로부터 다른 사람과의 약속은 혹 내게 손해가 나더라도
반드시 지켜야 한다는 걸 주지시키십시오.

약속은 새끼손가락을 건다고
되는 것이 아니에요.
꼭 지켜야 한다는 것을 알려주세요.
약속은 신뢰입니다.

약속은 믿음의 뿌리

친구에게 먼저 다가가기

아이가 어린이집, 유치원에 다니게 되면서부터
사회관계가 시작됩니다.
선생님과 친해지고 새로운 친구도 사귀게 되죠.
대개의 경우는 어린이집에서 만나는 친구가
아이의 첫 친구가 됩니다.

예로부터 동서양을 막론하고 친구를 잘 사귀어야 한다고 하죠.
신라시대 '세속오계'에 보면,
'교우이신'이라고 해서 친구는 '믿음'으로
사귀어야 한다고 했습니다.
아이들에게 믿음이란, 서로가 좋아하는 걸 의미합니다.

"우리 아이는 친구를 잘 못 사귀어요."
이렇게 하소연하는 부모도 있습니다.
친구를 잘 못 사귀는 아이들에게는
친구와 같이 어울릴 수 있는
공통의 취미를 가진 놀이를 하게 한다거나
좋아하는 장난감을 줘 보세요.
같이 어울리는 것이 아이들에게는 사귐입니다.

그리고 내 아이가 친구에게 먼저
다가가도록 하게 하는
엄마의 역할도 필요합니다.

먼저 다가가는 것은
적극성의 훈련이다.

폭력은
결코
어떤 이유도
될 수 없다

친구를 때려?

아이들 관계에서도 의견이 서로 맞지 않거나
어떠한 상황이 발생하면 다투기도 하고
상대방을 공격하기도 합니다.
우리 아이가 맞아서도 안 되겠지만
친구를 때려서도 안 되겠지요.
친구를 때리는 습관은 반드시 고쳐주어야 합니다.
그렇지 않으면 커서도 폭력성을 가진 성향을 보일 수 있습니다.

서로 의견이 안 맞거나 싸움이 일어났을 때는
분쟁이 일어난 아이들을 같이 앉혀 놓고
자기들 스스로 화해할 수 있도록 양쪽 엄마들이 지켜봐 주세요.
양보하고 아름다운 화해가 이루어지면
적극적으로 칭찬해 주십시오.

부모로부터 맞고 자란 아이들은 친구에게 폭력을 행사할 수도 있고
성인이 된 후에도 폭력이 계속될 수 있습니다.
가정에서 아이의 좋은 점을 크게 봐 주세요. 칭찬과 격려로!
그러면 인성이 바른 성인으로 성장할 수 있습니다.
가정에서의 부모교육이 중요한 이유가 바로 이것입니다.

친구를 돕는 건 즐거운 일

어린이집에서나 유치원에서는
아이들에게 친구를 돕도록 교육하고 있습니다.
가방을 매거나 장난감을 치우는 일 등을 같이 하도록 하고
잘하면 칭찬도 아낌없이 해줍니다.

선생님의 이런 칭찬도 중요하지만
엄마의 칭찬은 더 큰 효과가 있습니다.
평소 엄마가 남을 돕는 모습을 보여주세요.
그리고 분리수거는 아이의 도움을 받아 함께 해보세요.
아이와 함께 길을 가다가도 남을 돕는 모습을 보여주세요.
즐겁고 행복한 마음으로 돕는 모습을….

남을 돕는 엄마의 모습을 보면
아이들은 따라합니다.
남을 돕는 것이 얼마나 즐거운 일이고
행복을 주는 건지

엄마가 아이에게 실천으로 보여주세요.
자녀에게는 자존감과 자신감이 됩니다.

돕는다는 것은
즐겁고 행복한 일!

친구의 눈물이 내 아픔인 것처럼

아이들은 잘 웁니다.
아파서 울기도 하고, 서러워서 울기도 합니다.
갖고 싶은 걸 못 가지면 울음을 터뜨리기도 합니다.

친구가 아플 때나 울고 있을 때
그 친구의 눈물을 닦아주고 달래주는
친구를 위할 줄 아는 아이로

친구가 넘어져서 상처가 나면
약을 발라주고 반창고도 붙여주도록 해보세요.
타인의 슬픔과 아픔을 달래주는 마음이
바로 상대방을 이해하고, 존중하는 휴머니즘입니다.
이러한 감정을 가지게 되면 아이 자신의 삶도 행복해집니다.

아픔을 달래주는 것이
휴머니즘

아저씨, 안녕하세요?

아파트에 사는 주민들은
경비원 아저씨거나 청소하는 아주머니들을 자주 만납니다.
경비원 아저씨를 만나거나 청소하는 아주머니를 보면
엄마가 먼저 환하게 웃으면서 인사해 보세요.
그리고 아이에게도 인사를 하도록 시키세요.
아이가 인사를 하지 않는다면
인사를 할 때까지 기다리는 것도 방법이에요.

엘리베이터에서 이웃을 만나면
먼저 인사해 보세요.
인사하는 것만으로도 이웃에게
감사의 마음을 전할 수 있다는 것을,
우리 아이에게 알려주세요.

아이가 이웃이나 주변 사람들과 환하게 인사를 나눌 수 있도록
평소 생활 속에서 배우게 해주세요.

인사는 교감을 부르고
삶을 풍부하게 한다.

"고맙습니다!"
한 마디의 인간 됨됨이

고맙습니다!

아이들은 누군가로부터 도움을 받거나 선물을 받으면
기뻐하면서도 "고맙습니다!" 하고 말하는 것에 부끄럼을 탑니다.
이런 인사 역시 어릴 적부터 몸에 배도록 지도해야 합니다.

장난감이나 책을 선물 받으면
반드시 "고맙습니다!" 하고 인사하도록 시키세요.
아빠나 할아버지, 할머니가 준 선물이라도 말이에요.

지하철을 타거나 버스에서 자리를 양보 받으면
반드시 고마움을 표현하도록 하세요.
그렇지 않으면 선물이나 양보를 못 받도록 하는 것도 좋아요.
그걸 당연하다고 생각하지 않게 지도해 주세요.

고마움을 느낄 줄 아는 아이가
남에게도 베풀 줄 압니다.
부모님께도 말이죠.

사과는 겸손 그 이상

우리가 입에서 잘 나오지 않는 말 중에는
"미안합니다"가 있습니다.
길 가다 부딪혀도 대충 지나가고,
버스나 지하철에서 남에게 작은 피해를 주었을 경우에도
그냥 모른 척 지나치기도 합니다.

특히 어린이들은 미안하다는 말을 더 잘 못합니다.
아이에게 미안하다는 표현을 하게 해주세요.
내가 잘못을 저지르고 남에게 미안하다고 하는 것은
단순히 겸손한 것 그 이상이 의미가 있습니다.
미안한 마음은 자신을 되돌아보는 성찰의 기회가 되기 때문이죠.

이런 기회를 통해서
아이는 마음이 성숙해지고
생각의 깊이를 더해 갑니다.

미안한 마음을 갖는 것은
부모도 가져야 할 덕목입니다.

사과는
용기이며
겸손이다.

양해를 구하는 건 당연한 일

급하게 뭔가를 먼저 해야 할 때
남에게 양해를 구해야 한다는 것을 우리는 잘 알고 있습니다.
하지만 잘 알고 있으면서도 잘 실천을 못하는 경우가 많죠.
특히 어린이들의 경우에는,
남에게 양해를 구하는 것을 잘 모릅니다.

가족이 모여 식사를 때도
"먼저 먹겠습니다." 혹은 "먼저 먹어도 될까요?"
이 정도는 말할 수 있도록 가르쳐주세요.
요즘 아이들은 이런 예의가 부족한 편입니다.
가정에서부터 양해를 얻는 습관이 길러져야만
밖에서도 남에게 양해를 구하는 예의바른 아이가 될 거예요.

양해를 구하는 것이
예의의 출발

인사는 부모에게서 배우는
좋은 습관이다.

친구와 인사하기

아침에 어린이집이나 유치원에 등원하는 아이들이
제일 먼저 하는 것은 "안녕하세요?" 하고 인사하는 일입니다.
서로의 얼굴을 보고 인사하면서
친구 간의 우정도 쌓이고, 선생님과 정도 깊어집니다.

이런 간단한 인사에서 아이들의 사회성이 길러집니다.
가정에서부터 엄마, 아빠에게 인사하는 습관을 길러주세요.
어린이집이나 유치원에서 친구나 선생님을 만나면
먼저 반갑게 인사를 하도록 해주세요.
환하게 미소를 지으면서 말이에요.

그런데 선생님이나 친구들이 인사를 해도
무뚝뚝하게 대하는 친구도 있어요.
성격 탓일 수도 있지만 이것 역시 습관입니다.
인사를 잘 하는 아이는 커서도 성공할 확률이 훨씬 높다고 합니다.
오늘부터 유심히 지켜봐 주세요.

혹시 부모님의 표정이
무뚝뚝했던 것은 아닌가요?

동생이 있다는 것

동생이 없는 아이들은 엄마에게
동생을 낳아달라고 조릅니다.
남자아이들은 누나를 낳아달라고 조르기도 합니다.

동생이 있는 아이들은
때론 질투심을 보이기도 하지만
동생을 예뻐하는 경우가 더 많습니다.

자라면서 형제나 자매는 싸우기도 하죠.
엄마와 아빠는 우선
자녀를 골고루 사랑하는 모습을 보여주어야 합니다.
아이들은 작은 것에도 상처를 입을 수 있으니까요.

동생을 괴롭히는 것은 대개 질투심과 시기심 때문이니,
아이를 너무 나무라지 마세요.
부모님이 공평하지 않을 때 보이는 아이의 행동일 수 있습니다.
엄마와 아빠의 행동에 따라 아이의 행동도 달라집니다.

사랑은 공평함에서 나온다.

Chapter # 4

자신을 사랑하다

굳이 필요 없는 것

요즘은 초등학교만 입학해도
스마트폰을 갖고 있는 아이들이 많습니다.
아이들을 위험으로부터 막으려는 부모들의 걱정 때문이죠.

어린아이들에게 폰이 과연 필요할까요?
물론 요즘은 모든 것이 스마트폰 하나로 되는 세상이고
인터넷으로 모든 걸 하는 시대가 되었다지만
너무 일찍 스마트폰을 갖는 것은 바람직하지 않다고 봅니다.
어린 나이에 어른들의 세상을 보게 되면,
아이의 정서뿐 아니라 인격 형성에도 좋지 않습니다.

스마트폰을 가지고 노는 시간에
책을 읽게 하거나 대화를 나누는 것이 좋습니다.
스스로를 돌볼 줄 알고, 바른 성품을 가질 수 있도록 말이에요.

에머슨은
"대화는 생각의 배출구뿐만 아니라,
성품의 출구다"라고 말했습니다.

대화는 성품을
나타내는 잣대

대화는 훌륭한 교육

엄마는 오늘도 스마트폰을 들고 친구와 수다를 떱니다.
한 시간이 훌쩍 넘어가도록 폰을 놓지 못합니다.
물론 이런 건 어쩌다 그런 날도 있다는….

폰으로 하는 것도 대화이긴 하지만
얼굴을 마주 보면서 이야기를 하는 것은
아이들에게 무척 중요한 일입니다.

대화를 잘 하는 사람은
"가슴으로 말을 한다"는 격언이 있습니다.
대화를 자꾸 하다 보면
가슴속에 있는 말을 하게 되고
서로를 이해하는 계기가 되기도 합니다.

아이가 말을 하기 시작하면 늘 대화를 하도록 애쓰세요.
질문보다는 얘기를 경청해 주고 내용을 나누세요.
이런 환경에서 자란 아이들은 커서도 문제를 일으키지 않습니다.
대화는 가장 훌륭한 교육이 된다는 걸 기억하세요.

자주 나누는 대화가
훌륭한 인간을 만든다.

낙서는
창의력의
노트

낙서는 자기 존재의 표현

아이들은 낙서를 좋아합니다.
엄마도 어릴 적에 그랬죠?
낙서를 한다는 것은 자기표현입니다!

아이를 위한 낙서판을 만들어주는 게 좋습니다.
요즘에는 화이트보드가 좋아져
낙서판으로 사용하기 딱 좋습니다.
뭐 굳이 화이트보드가 아니더라도
벽에 큰 종이를 붙여주고 마음껏 낙서를 하게 해주세요.
다만 낙서를 해야 할 곳과 아닌 곳을
명확하게 알려주는 것이 좋습니다.
그리고 낙서를 한 것을 보고 칭찬을 해주세요.
아이들은 작은 칭찬에도 뿌듯해하고
자신이 한 낙서를 자랑스럽게 생각합니다.

자존감은 작은 일에서부터 시작됩니다.
부정적 사고를 100번 한다면
긍정적 표현을 101번 하게 해주세요.

한 곡의 좋은 음악은
열 명의 선생님

음악은 또 하나의 선생님

어릴 적부터 음악을 무척 좋아했습니다.
분야를 가리지 않고 좋아했는데
누가 음악에 대해 조금만 가르쳐 주었더라면
또 다른 나의 모습을 볼 수 있지 않았을까 하는
생각을 하곤 합니다.

아이들에게 음악은 또 하나의 선생님입니다.
TV를 보는 대신 음악을 듣게 해주세요.
동요도 좋고 우리 노래 판소리도 좋습니다.
모차르트, 바흐, 쇼팽 등의 음악 클래식은 물론
월드뮤직을 골고루 듣게 해주세요.
음질이 좋은 오디오를 마련해
엄마와 아이가 함께 음악 감상을 해보는 건 어떨까요?

사람이 음악을 만들고,
음악이 사람을 만드니까요.

울 때는 울게 하라

아이가 우는 시간은
자기와 대화하는 시간입니다.

'내가 뭘 잘못했을까?'
'내가 왜 억울하지?'
'이건 너무 섭섭해!'

여러 감정을 갖고 우는 것이기 때문에
울 때는 실컷 울게 해주세요.
그래야 우는 이유를 스스로 깨닫게 되고
감정 표현을 솔직하게 할 수 있게 됩니다.

우는 아이를 윽박질러 울지 못하게 한다거나
달래서 울지 않게 하는 것이
결코 좋은 것이 아닙니다.

우는 것도 자기표현입니다.

잘 울어야
잘 웃는다.

변명은 논리적으로

아이가 잘못을 저질렀을 때는
혼내기 전에 먼저 아이의 이야기를 들어보세요.
차분하게 왜 그런 행동을 했는지,
지금 잘못을 하고 난 이후 기분은 어떤지 등을 말이에요.

아이 스스로가 논리적으로
말하게 해야 합니다.
아이들의 논리는 간단해요.
왜 그랬느냐를 알게 하는 것이 논리입니다.

자신이 한 일을 논리적으로 말하는 습관은
아이들에게 논리력, 사고력을 키워줍니다.
혼내기 전에 아이들 스스로 자신의 행동에 대해 말하게 하세요.
논리의 힘은 이렇게 길러진답니다.

논리는
가장 강한
무기다.

일기 쓰기는 즐겁게

일기를 쓸 줄 아는 나이가 되면
반드시 일기쓰기를 지도해 주세요.
길게 쓰는 것을 부담스러워 한다거나
매일 매일 쓰는 것을 힘들어한다면
그냥 편하게 한 줄이라도 쓰게 하세요.

일기를 쓰는 일은
즐거운 일이라는 걸 깨닫게 해주세요.

엄마도 같이 일기를 쓰는 건 어떨까요?
즐겁게 말이에요.
자기 전에 시간을 정해 놓고
엄마와 아이가 같이 즐겁게 일기를 쓰다 보면
표현력, 논리력은 물론 기억력도 좋아질 거예요.

일기는 삶의 역사

그 이상의 가치

내 몸은 소중하니까

아이들은 자기의 몸이 얼마나 소중한지 잘 모르는 경우가 많아요.
손, 발, 눈, 코….
어느 것 하나 소중하지 않은 게 없습니다.
목욕을 하고 나면 바디로션을 바르고
머리를 단정하게 빗도록 해주세요.
그리고 거울을 보면서 자신이
얼마나 예쁜지 깨닫게 해주세요.

자신이 소중하다는 걸 깨닫게 한다면
아이들은 스스로를 대견해하고
스스로를 소중하게 여기게 됩니다.
좋은 옷, 비싼 신발보다 더 중요한 것은
바로 자기 자신이라는 걸 알려주세요.

하나의 긍정적 생각이
수천 개의 부정적 생각을 물리친다는 격언을
엄마가 아이들에게 알려주세요.
엄마는 위대한 스승입니다.

몸을 소중히 하면
마음도 소중해진다.

에필로그

엄마교육은 결국 엄마가 주인공입니다.
세상의 그 어떤 선생님보다
엄마가 최고의 선생님이라는 건 잘 알고 계시겠죠?
엄마의 일거수일투족이 아이에겐 교과서입니다.
그 교과서를 낭비하지 마십시오.
더 좋은 교과서가 되도록 엄마도 노력해야 합니다.

이 책에서 아무리 엄마교육을 강조해도
실천이 없으면 아무 소용이 없습니다.
핸드백에 넣어 다니면서 수시로 읽어보십시오.
아무 페이지든 상관없습니다.
그리고 하나하나 실천해 보십시오.
한 달이면 아이가 달라집니다.

작은 변화에 큰 의미가 있다는 걸 잊지 마십시오.
아이의 영혼이 자라기 시작하니까요.
강한 영혼은 영원한 자산입니다.

오늘도 자녀를 키우시느라 애쓰시는
이 땅의 엄마들께 큰 박수를 보냅니다.

하진옥